AF319346

ÉTAT NOMINATIF

DES

BOULANGERS DE PARIS,

Admis à exercer cette Profession, en exécution de l'Arrêté du Gouvernement, du 19 vendémiaire an X, et de l'Ordonnance du Roi, du 21 octobre 1818, avec l'indication de la Classe dans laquelle chacun d'eux se trouve rangé.

LEBÉGUE, Imprimeur du Syndicat des Boulangers de la Ville de Paris.

1819.

Quartier du Roule.

NOMS ET PRÉNOMS DES BOULANGERS.		DEMEURES.
	PREMIÈRE CLASSE.	
DUSSER	Edmond	rue du Rocher, n. 11.
RENY	Marie-Catherine Noel, v{e}.	rue Maison-Neuve, n. 7.
RODIER	Jean-Baptiste	rue du Faub.-St.-Hon., n. 100.
	DEUXIÈME CLASSE.	
DELAYE	Louis-Alexandre	rue de la Madeleine, n. 9.
DOLON	Jean-François	rue du Faub.-du-Roule, n. 32.
ROUGIER	Louis-Alexandre	rue des Saussaies, n. 3.
	TROISIÈME CLASSE.	
ANTHEAUME	Joseph-Henri	rue d'Anjou, n. 14.
CHARBONNIER	Michel-Charles	rue St.-Lazare, n. 92.

Suite du quartier du Roule.

NOMS ET PRÉNOMS DES BOULANGERS.		DEMEURES.
DELRIEU	Jean-Baptiste	rue du Faub.-St.-Hon., n. 84.
DEVEVEY	François	rue Miromesnil, n. 2.
DUSSAUSE	Philibert-François	rue du Rocher, n. 5.
DUVAL	Jacques	rue du Faub.-St.-Hon., n. 14.
LAROCHETTE	Anne-Marg. MAREUX, v^e.	rue de la Madeleine, n. 21.
PAGNIER	Pierre	rue du Faub.-St-Hon.,

QUATRIÈME CLASSE.

Quartier des Champs-Élysées.

NOMS ET PRÉNOMS DES BOULANGERS.		DEMEURES.
	PREMIÈRE CLASSE.	
MILLIOTI	Louis-Marg.-Gaspard	rue du Faub.-du-Roule, n. 125.
LASSON	Jean-Joseph	rue de Chaillot, n. 34.
	DEUXIÈME CLASSE.	
GENEVOIS	Antoine	rue Porte-St.-Honoré, n. 17
JEANNIN	Jean	rue de Chaillot, n. 27.
MICHOT	Jean-Baptiste	rue du Faub.-du-Roule, n. 4.
	TROISIÈME CLASSE.	
DREUX	Jean-Baptiste	rue de Chaillot, n. 7.
	QUATRIÈME CLASSE.	

Quartier de la Place Vendôme.

NOMS ET PRÉNOMS DES BOULANGERS.		DEMEURES.
	PREMIÈRE CLASSE.	
BOSCHOT	Jean	rue Chaussée-d'Antin, n. 47.
BOLLOT	Auguste-Nicolas-Honoré	rue Porte-St.-Honoré, n. 2.
LEMBERT	Hyacinthe	rue du Mont-Blanc, n. 3.
JAMET	Jean-Marie	rue Caumartin, n. 28.
	DEUXIÈME CLASSE.	
CHOSSARD	L.-Dan.-Vict. REVERARD vᵉ.	rue Ste.-Croix, n. 15.
COCHERY	Etienne	rue Porte-St.-Honoré, n. 10.
COSSON	Antoine	rue Chaussée-d'Antin, n. 35.
DEVRET	Antoine	rue St.-Lazare, n. 63.
TRUCHELUT	Joseph-Alexandre	rue Thiroux, n. 12.

Suite du quartier de la Place Vendôme.

NOMS ET PRÉNOMS DES BOULANGERS.	DEMEURES.
TROISIÈME CLASSE.	
COEUILLIERS...... Eustache	rue Thiroux, n. 2.
COEUILLIERS...... Jean-Baptiste-Firmin	rue St.-Honoré, n. 400.
DELINE........... André-Louis	rue Thiroux, n. 5.
PEPIN............. Alexandre-Pierre	rue St.-Honoré, n. 388.
QUATRIÈME CLASSE.	

Quartier des Tuileries.

NOMS ET PRÉNOMS DES BOULANGERS.	DEMEURES.
PREMIÈRE CLASSE.	
MALDANT............François............	rue de Rohan, n. 3o.
PEIGNIEZ..........Denis............	rue de Valois, n. 9.
DEUXIÈME CLASSE.	
MATHIEU......Philibert...........	rue St.-Honoré, n. 367.
TROISIÈME CLASSE.	
VOLLÉ........Jean-Philibert.......	rue St.-Honoré, n. 339.
QUATRIÈME CLASSE.	

Quartier de la Chaussée-d'Antin.

NOMS ET PRÉNOMS DES BOULANGERS.		DEMEURES.
	PREMIÈRE CLASSE.	
TOREL	Gilles-Pierre-Joseph	rue St.-Lazare, n. 72.
	DEUXIÈME CLASSE.	
BEAUDEMOULIN	Marie-Françoise LÉPINE, v^e	rue Pinon, n. 6.
NOEL	Louis	rue Faub.-Montmartre, n. 3.
	TROISIÈME CLASSE.	
DUSSAUSE	François	rue St.-Lazare, n. 5.
FERRET	Louis	rue St.-Lazare, n. 15.
THIOU	Louis-Frédéric	rue St.-Lazare, n. 44.
	QUATRIÈME CLASSE.	
LARMINACK	Jean-François	rue du Helder, n. 16.
TASSE	Jean-François-George	rue Faub.-Montmartre, n. 83.

Quartier du Palais-Royal.

NOMS ET PRÉNOMS DES BOULANGERS.		DEMEURES.
PREMIÈRE CLASSE.		
CHAMGARNIER ...	Jean-Marie	rue St.-Honoré, n. 262.
CRETAINE.........	Jean	rue Ste.-Anne, n. 34.
MALPERTUIS......	Hugues-Marie	rue d'Argenteuil, n. 9.
THIBAULD.........	Jacques	rue St.-Honoré, n. 324.
DEUXIÈME CLASSE.		
AMIOT............	Honoré	rue du Rempart, n. 5.
ASTIER...........	Claude-Marie-Adrien	rue St.-Honoré, n. 238.
BEDOUIN.........	Nicolas-Joseph	rue des Boucheries, n. 8.
BOLLAND	Marie-Rosalie RANDOUÏN, v^e.	rue des Petits-Champs, n. 51.
BOUHEY..........	Pierre	rue des Orties, n. 7.
DELAVAULT.......	Claude	rue Marché-des-Jacobins, n. 4.

Suite du quartier du Palais-Royal.

NOMS ET PRÉNOMS DES BOULANGERS.		DEMEURES.
HOFFMANN	Jacques	rue St.-Honoré, n. 302.
SOMMIER	Edme-Honoré	rue de l'Evêque, n. 8.
TAINTURIER	Marie Loquin, v^e	rue des Moineaux, n. 9.
TRUCHOT	Augustin	rue de Valois, n. 2.
VIARDOT	Jacques	rue de Richelieu, n. 33.

TROISIÈME CLASSE.

BERANGER	Pierre	rue des Moineaux, n. 26.
HORRIOT	François	rue Traversière, n. 12.
LABACHE	Étienne	rue d'Argenteuil, n. 49.
THOMAS	Louis	rue de Valois, n. 34.

QUATRIÈME CLASSE.

BOIS	François	rue Traversière, n. 38.
LECANU	Jacques	rue Neuve-St.-Roch, n. 8.

Quartier Feydeau.

NOMS ET PRÉNOMS DES BOULANGERS.	DEMEURES.
PREMIÈRE CLASSE.	
CHOPIN........... François-Nicolas	rue de Grétry, n. 1.
HÉDÉ............ Auguste	rue N.-Dame-des-Vict.; n. 23.
JARLAUD........ M.-Jean-Marie FERET, v°.	rue des Petits-Champs; n. 64.
TAINTURIER...... Jean-Joseph	rue de la Michodière, n. 1.
DEUXIÈME CLASSE.	
AUZOLLES........ Thomas	rue Montmartre, n. 157.
DROUHIN......... Martial	rue de Richelieu, n. 79.
FOULONNEAU..... Jacques	rue de Richelieu, n. 94.
CHOSSEGROS..... Michel...........	rue des Fil.-St.-Thomas, n. 12.

Suite du quartier Feydeau.

NOMS ET PRÉNOMS DES BOULANGERS.		DEMEURES.
MOSNIER	Louis-Gilbert-Pierre	rue Ste.-Anne, n. 5.
RAVELET	Bernard	rue Ste.-Anne, n. 66.
TROISIÈME CLASSE.		
NOEL	Nicolas	rue de Louvois, n. 5.
REMOND	Jean-Baptiste	rue de la Michodière, n. 13.
QUATRIÈME CLASSE.		
SIMONNEAU	Charles	rue Chabannais, n. 3.

Quartier du Faubourg Montmartre.

NOMS ET PRÉNOMS DES BOULANGERS.	DEMEURES.
TROISIÈME CLASSE.	
BLETEL .... Joseph-Jean-Baptiste	rue Faub.-Poissonnière, n. 57.
MARGUET .... Claude-Joseph	rue Faub.-Montmartre, n. 38.
FOULONNEAU.....	rue Faub.-Montmartre, n. 15.
DEUXIÈME CLASSE.	
BELHOMME....... Jacques	rue de Rochechouard, n. 9.
BOULEY .... Jean-Baptiste.........	rue Faub.-Montmartre, n. 48.
MARTIN .... Jean-Baptiste-Prudent . . .	rue des Martyrs, n. 10.
THEBAULD .... André-François	rue Faub.-Montmartre, n. 82.

Suite du quartier du Faubourg Montmartre.

NOMS ET PRÉNOMS DES BOULANGERS.		DEMEURES.
	TROISIÈME CLASSE.	
DIGARD	Antoine-Pierre	rue Faub.-Poissonnière, n. 45.
FOUREASSE	Genev.-Françoise Rose, v^e.	rue Cadet, n. 12.
PERRELLON	Jacques	rue Coquenard, n. 20.
	QUATRIÈME CLASSE.	
BLANCHET	Antoine	rue de Rochechouard, n. 3.
MASSA	Jean	rue Cadet, n. 40.

Quartier du Faubourg Poissonnière.

NOMS ET PRÉNOMS DES BOULANGERS.		DEMEURES.
PREMIÈRE CLASSE.		
DUBAIL	Jean-Honoré-Claude	rue Faub.-St.-Denis, n. 15.
PIGNOT	Jean-Baptiste	rue Faub.-St.-Denis, n. 47.
ROBILLARD	Michel	rue Faub.-St.-Denis, n. 61.
DEUXIÈME CLASSE.		
BALLERICH	Antoine	rue Faub.-St.-Denis, n. 153.
DELLEFOSSE	Pierre-François	rue des Petites-Écuries, n. 32.
LACAILLE	Jean-Nicolas-Alexandre	rue Faub.-Poissonnière, n. 10.

Suite du quartier du Faubourg Poissonnière.

NOMS ET PRÉNOMS DES BOULANGERS.		DEMEURES.
TROISIÈME CLASSE.		
CROUTELLE	Constant-Marie	rue de l'Échiquier, n. 15.
DESCOMBES	Ferdinand	rue du Paradis, n. 24.
VICHY	Julien	rue Faub.-St.-Denis, n. 157.
PONCHON	André	rue de l'Échiquier, n. 34.
QUATRIÈME CLASSE.		

Quartier Montmartre.

NOMS ET PRÉNOMS DES BOULANGERS.	DEMEURES.
PREMIÈRE CLASSE.	
DEUXIÈME CLASSE.	
DECQ............ Reine-Françoise PEIGNÉ, vᵉ.	rue du Petit-Carreau, n. 43.
HOURRIE......... Raymond-Jean.........	rue N.-St.-Eustache , n. 30.
ROYER........... Pierre............	rue du Petit-Carreau, n. 25.
TROISIÈME CLASSE.	
CAZET........... François-Césaire	rue du Sentier, n. 10.

Suite du quartier Montmartre.

NOMS ET PRÉNOMS DES BOULANGERS.		DEMEURES.
BRIOTTET.........	Vivant..............	rue Poissonnière, n. 27.
GABILLOT.........	Gabriel-Guillaume	rue Montmartre, n. 106.
	QUATRIÈME CLASSE.	
BAILLIF	Jean-Yves...........	rue du Cadran, n. 26.
PASCHAL-JEANNOT...	Louise-Véronique-Fleury ..	rue du Croissant, n. 11.

Quartier St.-Eustache.

NOMS ET PRÉNOMS DES BOULANGERS.		DEMEURES.
	PREMIÈRE CLASSE.	
	DEUXIÈME CLASSE.	
BAROCHE.........	Pierre	rue des Prouvaires, n. 9.
BERANGER........	Nicolas.............	rue Montmartre, n. 42.
GEORGER.........	Marie-Marg. LEGNAY, v[e]..	rue du Jour, n. 13.
	TROISIÈME CLASSE.	
BERGER..........	Jean-François.........	rue Montmartre, n. 22.

Suite du quartier St.-Eustache.

NOMS ET PRÉNOMS DES BOULANGERS.	DEMEURES.
HEUZÉ............ Louis.	rue Coquillière, n. 26.
RENAUD.......... Blaise-Edme	rue Montmartre, n. 47.
MONIER.......... Jean-Baptiste	rue Tiquetonne, n. 20.
QUATRIÈME CLASSE.	
BEQUET.......... Marie-Charl. DELAMARE, v^e.	Passage des Chartreux, n.646.

Quartier du Mail.

NOMS ET PRÉNOMS DES BOULANGERS.	DEMEURES.
PREMIÈRE CLASSE.	
GUY .... Jean-Baptiste	rue et pas. des Pet.-Pèr., n. 6.
MICHONIS......... Jean-Nicolas-François....	rue des Petits-Pères, n. 3.
DEUXIÈME CLASSE.	
BEZARD .... Honoré	rue Cr.-des-P.-Champs, n. 5o.
CORTOT.......... Sébastien	rue des V.-Augustins, n. 39.
LEROUX.......... Jacques-Hubert	rue des V.-Augustins, n. 24.
PHAROUX......... Pierre-François........	rue Montmartre, n. 61.
MAITREJEAN...... François............	rue des V.-Augustins, n. 27.

Suite du quartier du Mail.

NOMS ET PRÉNOMS DES BOULANGERS.		DEMEURES.
	TROISIÈME CLASSE.	
BOUISSON	Pierre	rue Montmartre, n. 105.
DOBIGNARD	Jacques	rue du Mail, n. 30.
LALANDE	Mar.-J.-Léger LEBLANC, v^e.	rue Montmartre, n. 111.
	QUATRIÈME CLASSE.	

Quartier St.-Honoré.

NOMS ET PRÉNOMS DES BOULANGERS.		DEMEURES.
PREMIÈRE CLASSE.		
PAIGNÉ	Jacques	rue des F.-St.-G.-l'Aux., n. 28.
PEIGNIEZ	Lazare	rue Bétizy, n. 1.
DEUXIÈME CLASSE.		
COUSIN	Antoine	rue des Poulies, n. 13.
FENGER	François	rue des Foureurs, n. 15.
GREZEL	Pierre-Jean	rue St.-Honoré, n. 107.
SAUVÉ	Pierre	rue du Coq, n. 6.

Suite du quartier St.-Honoré.

NOMS ET PRÉNOMS DES BOULANGERS.		DEMEURES.
	TROISIÈME CLASSE.	
CLERE	Jean-Louis	rue des F.-St.-G.-l'Aux., n. 40.
CRAINDART	Frédéric	rue St.-Honoré, n. 123.
LEROUX	Thér.-L.-Mar. CORNIER, v^e.	rue de l'Arbre-Sec, n. 58.
PINEL	Edme	rue Froidmanteau, n. 22.
RENAUDET	Marie-Guillaume DIVRY, v^e.	rue Bailleuil, n. 26.
	QUATRIÈME CLASSE.	
TARLET	Archambeau	rue du Chantre, n. 21.

Quartier du Louvre.

NOMS ET PRÉNOMS DES BOULANGERS.		DEMEURES.
PREMIÈRE CLASSE.		
DEUXIÈME CLASSE.		
BOUDIER	Claude.	rue de l'Arbre-Sec, n. 17.
LETIENNE	Michel.	rue St.-Denis, n. 17.
MAGNIN	Pierre	rue des F.-St.-G.-l'Aux., n. 7.
ROUGET	Pierre	rue St.-Germ.-l'Aux., n. 50.
TESTON	Pierre-Barnabé	rue St.-Germ.-l'Aux., n. 76.
QUATRIÈME CLASSE.		
LESCUYOT	Simon	rue Boucher, n. 4.

Suite du quartier du Louvre.

NOMS ET PRÉNOMS DES BOULANGERS.	DEMEURES.
KANNAPPEL....... Jean-Baptiste	rue St.-Germ.-l'Aux., n. 72.
MAZERON......... Jean-Pierre	rue de l'Arbre-Sec, n. 14.
PARFAIT .... Jean	rue St.-Germ.-l'Aux., n. 7.
ROSSET.......... Marie DUTANG, v^e. ...	rue Boucher, n. 19.

QUATRIÈME CLASSE.

Quartier des Marchés.

NOMS ET PRÉNOMS DES BOULANGERS.	DEMEURES.
PREMIÈRE CLASSE.	
CERCILLY......... Charles-Magloire	rue des Prêcheurs, n. 38.
CLOUZEAU .... Hubert	rue St.-Denis, n. 127.
DUFOUR .... Philippe	rue de la Tabletterie, n. 5.
MARTIN .... Antoine	rue des Lavandières, n. 30.
DEUXIÈME CLASSE.	
JUILLET.......... Barthélemy	rue de la Cordonnerie, n. 5.

Suite du quartier des Marchés.

NOMS ET PRÉNOMS DES BOULANGERS.		DEMEURES.
	TROISIÈME CLASSE.	
DUBOIS	Louis-Étienne	rue de la Cossonnerie, n. 26.
OMON	Claude	rue de la Chanverrerie, n. 5.
POULAIN	François	rue de la Cossonnerie, n. 11.
	QUATRIÈME CLASSE.	
FOUQUET	Charles-Achille	rue de la Ferronnerie, n. 33.

Quartier de la Banque de France.

NOMS ET PRÉNOMS DES BOULANGERS.		DEMEURES.
PREMIÈRE CLASSE.		
DEUXIÈME CLASSE.		
ALLYOT	Marg.-Marie MOULIN, v^e.	rue des Bons-Enfans, n. 4.
BUARD	Nicolas	rue d'Orléans, n. 4.
HELLIOT	Louis	rue de Grenelle, n. 42.
MOREAU	Philippe-Georges	rue de Viarmes, n. 35.
ROBILLARD	Denis	rue Cr.-des-P.-Champs, n. 6.
TROISIÈME CLASSE.		
BRÉANT	Jean-Baptiste	rue du Four, n. 7.

Suite du quartier de la Banque de France.

NOMS ET PRÉNOMS DES BOULANGERS.		DEMEURES.
REGNIER	Claude	rue Cr.-des-P.-Champs, n. 23.
ROUGET	Étienne	rue de Grenelle, n. 12.
MAILLOT	Gervais	rue du Bouloy, n. 15.
POULAIN	Antoine-François	rue Baillif, n. 11.
TROCHON	Gabriel-Constant	rue Coquillière, n. 7.
HUGUES	Pierre	rue des V.-Étuves, n. 7.
QUATRIÈME CLASSE.		
MAITREJEAN	Mathieu	rue du Pélican, n. 7.
VOISIN	Jean-Baptiste	rue Mercière, n. 6.
VITTEAU	Antoine	rue de Viarmes, n. 6.

Quartier du Faubourg St.-Denis.

NOMS ET PRÉNOMS DES BOULANGERS.		DEMEURES.
PREMIÈRE CLASSE.		
GOETH	Barthélemy	rue Faub.-St.-Martin, n. 161.
JAMET	Jacques-Denis	rue Faub.-St.-Martin, n. 5.
VENDERVELDENN	Jean-Mathieu	rue Faub.-St.-Martin, n. 153.
DEUXIÈME CLASSE.		
AUBIN	Jean-Jacques	rue Faub.-St.-Denis, n. 72.
DUSSORT	Marc-Antoine-Camille	rue Faub.-St.-Denis, n. 90.
FLORY	Antoine	rue Faub.-St.-Denis, n. 34.
GUILLEMONT	Jean-Adam	rue Faub.-St.-Martin, n. 99.

Suite du quartier du Faubourg St.-Denis.

NOMS ET PRÉNOMS DES BOULANGERS.	DEMEURES.
PESTY............ Laurent-Charles	rue Faub.-St.-Martin, n. 71.
SCACKMANN ...... Michel-Bernard	rue Faub.-St-Denis, n. 136.
TROISIÈME CLASSE.	
COUSIN........... Marie-Madel. CHATAIN, v[e]..	rue Faub.-St.-Martin, n. 215.
FONTAINE........ Étienne	rue Faub.-St.-Denis, n. 98.
QUATRIÈME CLASSE.	

Quartier de la Porte St.-Martin.

NOMS ET PRÉNOMS DES BOULANGERS.	DEMEURES.
PREMIÈRE CLASSE.	
GIVRY............ André-Jean	rue Faub.-St.-Martin, n. 5o.
MOREAU .... Alphonse	rue Faub.-du-Temple, n. 1.
PLIQUE........... Jean	rue Faub.-St.-Martin, n. 198.
DEUXIÈME CLASSE.	
AUBERTIN......... François	rue Faub.-du-Temple, n. 45.
FÉLIX .... Pierre-Laurent	rue Faub.-St.-Martin, n. 104.
FLESCHELLE...... Lucien	rue Faub.-du-Temple, n. 97.
LACHER.......... Louise-Adelaïde v^e	rue Faub.-St.-Martin, n. 160.
VARGNYEZ........ Dominique-Martin	rue Faub.-du-Temple, n. 139.

Suite du quartier de la Porte St.-Martin.

NOMS ET PRÉNOMS DES BOULANGERS.	DEMEURES.
TROISIÈME CLASSE.	
DENIER........... Charles-Noël	rue Faub.-du-Temple, n. 85.
LACHER.......... Jean	rue Faub.-St.-Martin, n. 246.
MONCOUTEAU .... Marie vᵉ.	rue Faub.-du-Temple, n. 89.
QUATRIÈME CLASSE.	
CAVILLIER .... Jean-Louis	rue Faub.-St.-Martin, n. 174.

Quartier de Bonne-Nouvelle.

NOMS ET PRÉNOMS DES BOULANGERS.	DEMEURES.
PREMIÈRE CLASSE.	
DEUXIÈME CLASSE.	
BÉTOUT .... Nicolas-Auguste	rue St.-Denis, n. 335.
CRETAINE .... Pierre	rue Bourb.-Villeneuve, n. 13.
CHAPON.......... Noël	rue St.-Denis , n. 343.
DUFOUR.......... Jacques	rue Beauregard , n. 39.
FAGOTET.......... Marie-Mary CORNU, vᵉ. ...	rue Thévenot, n. 2.
JACOB............. Hél.-Cath.-Proc. PREVOST, vᵉ.	rue St.-Denis, n. 381.
LANGÉ .... Jacques	rue Bourb.-Villeneuve, n. 44.
PAILLARD........ Jean-Jacques	rue Beauregard , n. 15.

Suite du quartier de Bonne-Nouvelle.

NOMS ET PRÉNOMS DES BOULANGERS.		DEMEURES.
PALMY............	Jean............	rue Beauregard, n. 9.
PUPIER...........	Jean-Baptiste.........	rue du Caire, n. 15.
TROISIÈME CLASSE.		
BEAUDOUIN.......	Antoine...........	rue de Cléry, n. 53.
MERLIN..........	Claude..........	rue Bourb.-Villeneuve, n. 27.
NICARD..........	Jacques..........	rue de Cléry, n. 50.
SCHMALTZ........	Guillaume.........	rue de Cléry, n. 14.
QUATRIÈME CLASSE.		

Quartier Montorgueil.

NOMS ET PRÉNOMS DES BOULANGERS.	DEMEURES.
PREMIÈRE CLASSE.	
DAVOUST .... Étienne-Michel	rue Montorgueil, n. 110.
VITTMANN .... François	rue de la G.-Truanderie, n. 32.
DEUXIÈME CLASSE.	
CAMBILLARD ..... Pierre	rue Montorgueil , n. 72.
CHATAIN .... Denis	rue Pavée , n. 13.
GALOPIN .... Barnabé	rue Montorgueil , n. 12.
TROISIÈME CLASSE.	
BERTRAND .... Jacques	rue de la G.-Truanderie, n. 15.
COLLE .... Pierre	rue St.-Sauveur , n. 53.

Suite du quartier Montorgueil.

NOMS ET PRÉNOMS DES BOULANGERS.		DEMEURES.
GAUDICHIER......	Jean-Baptiste-Denis	rue St-Denis, n. 259.
GAUTHERET	Jean-Baptiste	rue Beaurepaire, n. 23.
GRANDIER	François-Laurent......	rue Mauconseil, n. 40.
MAREUX	Jean-Martin.........	rue Montorgueil, n. 64.
MOISSENOT.......	Jacques	rue Montorgueil, n. 100.
NIELLON.........	Charles	rue Montorgueil, n. 30.
PESTY	Pierre	rue Mondetour, n. 31.
LAURET	Pierre-François.......	rue du P.-Lion-St.-Sauv., n. 5.

QUATRIÈME CLASSE.

LASNIER.........	François...........	rue St.-Sauveur, n. 14.

10

Quartier de la Porte St.-Denis.

NOMS ET PRÉNOMS DES BOULANGERS.		DEMEURES.
	PREMIÈRE CLASSE.	
DESTAVIGNY	Alexandre-Georges	rue St.-Martin, n. 309.
FÉLIX	Claude-Dominique	rue St.-Denis, n. 286.
SERVOIN	Étienne-François-Marie	rue aux Ours, n. 42.
VIÉ	Pierre-Julien	rue Greneta, n. 42.
	DEUXIÈME CLASSE.	
RIGALEAU	Jean	rue St-Martin, n. 193.
VILLETTE	Jean-Baptiste	rue Bourg-l'Abbé, n. 28.
	TROISIÈME CLASSE.	
BERNARD	Jean-Baptiste	rue Greneta, n. 15.

Suite du quartier de la Porte St.-Denis.

NOMS ET PRÉNOMS DES BOULANGERS.		DEMEURES.
LECUIT	Pierre-Michel-René	rue de Tracy, n. 7.
LEGRAND	Henriette-Pélagie, demoiselle	rue aux Ours, n. 30.
MULLER	Jean	rue St.-Denis, n. 268.
PICHON	Jean-Pierre	rue St.-Martin, n. 273.
SAUVÉ	Jean-Martin	rue St.-Denis, n. 300.
QUATRIÈME CLASSE.		
BOUCHERA	Augustin	rue du Ponceau, n. 50.
MASSON	Jacques	rue aux Ours, n. 22.

Quartier St.-Martin-des-Champs.

NOMS ET PRÉNOMS DES BOULANGERS.		DEMEURES.
	PREMIÈRE CLASSE.	
HÉRISSON	Jean-Arnoult	rue Aumaire, n. 39.
ROBLOT	Pierre	rue Phelipeaux, n. 40.
SAUTROT	Catherine GAGEY, ve.	rue du Vert-Bois, n. 29.
SORRÉ	Étienne	rue Transnonain, n. 40.
	DEUXIÈME CLASSE.	
GAUDICHIER	Michel-Marie	rue des Gravilliers, n. 36.
GOISSET	François	rue Neuve-St.-Martin, n. 2.
MENUEL	Léger-Claude	rue des Gravilliers, n. 15.
PIEGAY	Jean-Baptiste	rue du Temple, n. 61.

Suite du quartier St.-Martin-des-Champs.

NOMS ET PRÉNOMS DES BOULANGERS.		DEMEURES.
ROUGET	Bernard	rue Frépillon, n. 7.
STAIGER	Christian	rue Meslée, n. 33.
TROISIÈME CLASSE.		
BARÈZE	Augustin	rue Frépillon, n. 6.
BENOIT	Noël	rue du Temple, n. 121.
BOISOT	Claude	rue du Temple, n. 35.
HUE	Charles-Alexandre	rue Neuve-St.-Martin, n. 25.
GARNIER	Joseph	rue des Vertus, n. 26.
LAGRANGE	Charles	rue Royale, n. 24.
NOIRAUD	Pierre	rue Jean-Robert, n. 5.
PANCHERET	Pierre-Antoine	rue St.-Martin, n. 214.

Suite du quartier St.-Martin-des-Champs.

NOMS ET PRÉNOMS DES BOULANGERS.		DEMEURES.
PIONNIER	François-Louis	rue St.-Martin, n. 250.
ROUGET	Claude	rue Phelipeaux, n. 14.
SALIN	Simon	rue des Gravilliers, n. 5.
TARRAULD	Jean-Baptiste	rue du Vert-Bois, n. 41.
QUATRIÈME CLASSE.		
DUMONT	Michel	rue Royale, n. 29.
SÉNÉQUIER	Jean-Antoine	rue du Vert-Bois, n. 20.

Quartier des Lombards.

NOMS ET PRÉNOMS DES BOULANGERS.		DEMEURES.
	PREMIÈRE CLASSE.	
BARBE	Jean-Pierre	rue Aubry-le-Boucher, n. 41.
FÉLIX	Jean-Simon	rue des Écrivains, n. 5.
GALOPIN	Antoine	rue St.-Martin, n. 59.
ROUSSEAU	Adrien-Antoine	rue St.-Denis, n. 188.
	DEUXIÈME CLASSE.	
MEYER	François-Joseph	rue St.-Martin, n. 117.
TAINTURIER	Jacques	rue de la V.-Monnaie, n. 25.
	TROISIÈME CLASSE.	
BESSON	Jean-Marie	rue St.-Martin, n. 97.

Suite du quartier des Lombards.

NOMS ET PRÉNOMS DES BOULANGERS.		DEMEURES.
CABARAT	Nicolas	rue de la V.-Monnaie, n. 4.
DEGAS	André	rue St.-Martin, n. 25.
DELATOUR	Michel	rue Aubry-le-Boucher, n. 13.
FERRET	Jean	rue Quincampoix, n. 44.
JEANNIN	Angely	rue Troussevache, n. 21.
MANDAR	François-Mathieu	rue des Écrivains, n. 4.
CLERE	François	rue des Arcis, n. 35.

QUATRIÈME CLASSE.

THEVENON	Jean-Baptiste-Auguste	rue Quincampois, n. 81.

Quartier du Temple.

NOMS ET PRÉNOMS DES BOULANGERS.		DEMEURES.
PREMIÈRE CLASSE.		
CRIBIER	François	rue d'Angoulême, n. 4.
GARNIER	Jean-Charles	rue de Bretagne, n. 18.
LAVALLE	André	rue Xaintonge, n. 4.
DEUXIÈME CLASSE.		
AUBERT	Henri	rue du Temple, n. 92.
GARNIER	Claude-Antoine	rue de Crussol, n. 7.
MITAINE	Jean-Baptiste	rue Menilmontant, n. 7.

Suite du quartier du Temple.

NOMS ET PRÉNOMS DES BOULANGERS.	DEMEURES.
TROISIÈME CLASSE.	
CORBIN .... Claude..............	rue de Bretagne , n. 42.
DUBOIS........... Étienne	rue Charlot , n. 17.
QUATRIÈME CLASSE.	
WEBER............ Marie-Cath. CROUTELLE, v^e	rotonde du Temple , n. 284.

Quartier St.-Avoye.

NOMS ET PRÉNOMS DES BOULANGERS.	DEMEURES.
PREMIÈRE CLASSE.	
MOREL .... Jean-Pierre	rue Beaubourg, n. 5.
DEUXIÈME CLASSE.	
DELAFORGE ...... Jacques-Étienne	rue St.-Martin, n. 124.
GIROUSSARD...... Catherine CAILLET, v°....	rue St.-Merri, n. 25.
GUITTARD .... Joseph.............	rue St.-Martin, n. 74.
LEMOINE......... Charles-Joseph........	rue Beaubourg, n. 56.
TROISIÈME CLASSE.	
BARIL............... Pierre	rue Grenier-St.-Lazare, n. 3.

Suite du quartier St.-Avoye.

NOMS ET PRÉNOMS DES BOULANGERS.		DEMEURES.
BATTU	Louis	rue St.-Merri, n. 6.
COTHENET	Jean	rue Beaubourg, n. 23.
GIRAULD	Marguerite EISELZEN, v°.	rue Michel-le-Comte, n. 13.
GUYONNET	Silvain	rue St.-Martin, n. 24.
LAFORGE	Pierre	rue de la Verrerie, n. 58.
QUENEZ	Jean-François	rue St.-Martin, n. 144.
THÉBAULD	Louis	rue St.-Merri, n. 38,

QUATRIÈME CLASSE.

Quartier du Mont-de-Piété.

NOMS ET PRÉNOMS DES BOULANGERS.	DEMEURES.
PREMIÈRE CLASSE.	
HOUDRON......... Guillaume-Étienne-Auguste	rue St.-Avoye, n. 46.
DEUXIÈME CLASSE.	
BULLIER........... Jean.............	rue V.-du-Temple, n. 141.
PLESSIS........... Pierre...........	rue V.-du-Temple, n. 73.
TROISIÈME CLASSE.	
GARNIER......... Alexis-Lazare........	rue des Bl.-Manteaux, n. 32.

Suite du quartier du Mont-de-Piété.

NOMS ET PRÉNOMS DES BOULANGERS.	DEMEURES.
HAUDRY.......... Pierre-Magloire	rue de Poitou, n. 17.
LETHIMONIER .... Pierre-Julien	rue du Temple, n. 4.
MOUROT.......... Jean-Baptiste	rue du Temple, n. 14.
QUATRIÈME CLASSE.	
CARTAL.......... Jean-François	rue V.-du-Temple, n. 39.
DESBORDES....... Étienne	rue de Berry, n. 3.

Quartier du Marché-St.-Jean.

NOMS ET PRÉNOMS DES BOULANGERS.		DEMEURES.
PREMIÈRE CLASSE.		
BIZOUARD	v^e.	rue de la Verrerie, n. 5.
BEAUZON	Jean	rue de la Verrerie, n. 22.
CAMUS	René-Franç.-Jean-Marie	Marché-St.-Jean, n. 3.
CALLY	Pierre	rue du Roi-de-Sicile, n. 36.
GARNIER	Jean	rue V.-du-Temple, n. 56.
LEGRAND	Edme	rue St.-Antoine, n. 51.
DEUXIÈME CLASSE.		
SAULGEOT	François	rue St.-Antoine, n. 39.

Suite du quartier du Marché-St.-Jean.

NOMS ET PRÉNOMS DES BOULANGERS.		DEMEURES.
TROISIÈME CLASSE.		
HERBET	Vincent	rue du Roi-de-Sicile, n. 11.
WEISHAAR	Jean-Georges	rue V.-du-Temple, n. 234.
POIRIER	Jean	rue Ste.-C.-de-la-Breton., n. 51,
QUATRIÈME CLASSE.		
GRANGER	Jean	rue St.-Antoine, n. 11.

Quartier des Arcis.

NOMS ET PRÉNOMS DES BOULANGERS.	DEMEURES.
PREMIÈRE CLASSE.	
DEUXIÈME CLASSE.	
BRITCH............François-Antoine	rue de la Tixeranderie, n. 8.
HERNAS..........Jacques-Séverin	r. St.-Jacq.-la-Bouch^{rie}., n. 9.
MAGNIERE........François	rue des Arcis, n. 34.
VOITRIN..........Charles-Marie	rue Planche-Mibray, n. 7.
TROISIÈME CLASSE.	
DELAHAYE.......Louis-Eustache	rue Jean-Pain-Molet, n. 2.

14

Suite du quartier des Arcis.

NOMS ET PRÉNOMS DES BOULANGERS.	DEMEURES.
GUERCHÉ .... Jean	rue de la Coutellerie, n. 18.
PERRAULD .... Jean	rue de la Vannerie, n. 20.
WARGNEYEZ ..... Eust.-Mar-.Gen.-Chapon, v^e.	rue Jean-de-l'Épine, n. 1.
WIART .... Pierre-Fidèle	rue de la H.-Vannerie, n. 49.

QUATRIÈME CLASSE.

FOUGNON......... François.	rue Jean-de-l'Épine, n. 9.

Quartier du Marais.

NOMS ET PRÉNOMS DES BOULANGERS.	DEMEURES.
PREMIÈRE CLASSE.	
VIÉ .... Louis-Jean-Julien	rue des Minimes, n. 39.
DEUXIÈME CLASSE.	
BETHMONT .... Louis-Alexandre	rue du Pont-aux-Choux, n. 2.
CHAUVET .... François	rue St.-Louis, n. 14.
FROMENT .... François	rue V.-du-Temple, n. 98.
GUERIN .... Pierre-Julien	rue St.-Louis, n. 55.
MOREAU .... Laurent-François	rue Marché-Ste.-Cath., n. 1.
PHAROU .... Étienne-Jean	rue St.-Antoine, n. 211.
ROUGET .... Jean	rue V.-du-Temple, n. 110.

Suite du quartier du Marais.

NOMS ET PRÉNOMS DES BOULANGERS.	DEMEURES.
TROISIÈME CLASSE.	
BORDAT.......... Benoît	rue St.-Antoine, n. 169.
DENIER.......... Pierre	rue St.-Louis, n. 67.
GIRARDOT .... Georges	rue des Tournelles, n. 4.
LEGRAND .... Charles-François	rue Neuve-Ste.-Cath., n. 4.
PIOT .... Simon	rue Cult.-Ste-Cath., n. 2.
SIVRY .... Marie-Claude-Denis	rue St.-Louis, n. 78.
QUATRIÈME CLASSE.	

Quartier Popincourt.

NOMS ET PRÉNOMS DES BOULANGERS.		DEMEURES.
PREMIÈRE CLASSE.		
ASTIER............	Émanuel-Adrien-Pierre . .	rue Charonne, n. 57.
BAGNARD.........	Justin	rue Popincourt, n. 31.
FONTAINE.........	Alexandre-Joachim	rue Charonne, n. 119.
DEUXIÈME CLASSE.		
CHARDON	Laurent.	rue Charonne, n. 145.
GAGÉ	Jeanne-Marg. MARTIN , v^e.	rue Amelot, n. 68.
GUILLON.........	Joseph	rue Charonne, n. 83.
TROISIÈME CLASSE.		
PROVINS.........	Mar.-Marg.-Jeanne LEBAN, v^e.	rue Menilmontant, n. 46.
QUATRIÈME CLASSE.		

15

Quartier du Faubourg St.-Antoine.

NOMS ET PRÉNOMS DES BOULANGERS.	DEMEURES.
PREMIÈRE CLASSE.	
ASTIER . . . . Jean-François	rue Faub.-St.-Antoine, n. 163.
DUVINAGE . . . . Pierre-Edme	rue Faub.-St.-Antoine, n. 225.
NIELLON . . . . Charles	rue de la Roquette, n. 12.
DEUXIÈME CLASSE.	
GAUDICHIER. . . . . . Pierre-Antoine	rue de Montreuil, n. 7.
GAUDICHIER. . . . Louis-Marie	rue Faub.-St.-Antoine, n. 317.
HERPIN . . . . Jean	rue Faub.-St.-Antoine, n. 245.
HUCHON . . . . . . Claude	rue de Lappe, n. 14.
NOEL . . . . Guillaume	rue de Montreuil, n. 47.

Suite du quartier du Faubourg St.-Antoine.

NOMS ET PRÉNOMS DES BOULANGERS.	DEMEURES.
REGNIER . . . . . Louis	rue de la Roquette, n. 15.
REGNIER . . . . . Jean	rue St.-Bernard, n. 15.
VEILLAS . . . . . Jean	rue Faub.-St.-Antoine, n. 59.
TROISIÈME CLASSE.	
BRUN . . . . Jean	rue Faub.-St.-Antoine, n. 119.
GENEAUX . . . . . François	rue de Charonne, n. 9.
PINELLE . . . . . Pierre	rue Faub.-St.-Antoine, n. 27.
QUATRIÈME CLASSE.	

Quartier des Quinze-Vingts.

NOMS ET PRÉNOMS DES BOULANGERS.		DEMEURES.
PREMIÈRE CLASSE.		
ANDRÉ	Claude	rue St -Nicolas, n. 25.
ARLIGUY	Pierre	rue Charenton, n. 75.
BELORGEY	Claude	rue de Bercy, n. 28.
BERANGER	Louis-Michel	grande rue de Reuilly, n. 27.
COURTOIS	Philibert	rue Faub.-St.-Antoine, n. 62.
GOBAY	Jean-Jacques-Charles	rue Faub.-St.-Antoine, n. 186.
PERRET	Jean-Jacques	rue Charenton, n. 8.
DEUXIÈME CLASSE.		
COURTOIS	Emilian	rue Faub.-St.-Antoine, n. 108.
GENVRESSE	Franç.-Éléo.-Marg. QUAIR, v^e	rue Charenton, n. 115.
PORROCHE	Jacques	rue Faub.-St.-Antoine, n. 134.

Suite du quartier des Quinze-Vingts.

NOMS ET PRÉNOMS DES BOULANGERS.	DEMEURES.
TROISIÈME CLASSE.	
LALLEMAND...... Étienne-Joseph	rue Charenton, n. 133.
LEBAN........... Marguerite v.ᵉ	grande rue de Reüilly, n. 65.
QUATRIÈME CLASSE.	
BADINIER .... Joseph-Gabriel	rue Lenoir, n. 3.
CHAPPELLIER..... Michel-Grégoire	rue Charenton, n. 179.
GABILLOT........ Marg.-Angél. Bouillot, v.ᵉ	rue Faub.-St.-Antoine, n. 56.

Quartier de l'Isle-St.-Louis.

NOMS ET PRÉNOMS DES BOULANGERS.	DEMEURES.
PREMIÈRE CLASSE.	
CHAPUZOT ...., Genev.-Prosper MARCEY, v^e.	rue des Deux-Ponts, n. 8.
GUILLIER .... Claude.	rue des Deux-Ponts, n. 35.
MACON .... Marg.-Genev. DELARUE, v^e.	rue des Deux-Ponts, n. 86.
DEUXIÈME CLASSE.	
BOLLAND .... Mar.-Marg.-Isid. LEMBERT, v^e.	rue des Deux-Ponts, n. 27.
TROISIÈME CLASSE.	
QUATRIÈME CLASSE.	

Quartier de l'Hôtel-de-Ville.

NOMS ET PRÉNOMS DES BOULANGERS.		DEMEURES.
	PREMIÈRE CLASSE.	
	DEUXIÈME CLASSE.	
BIZOUARD	Angely	rue de la Mortellerie, n. 36.
MASSON	Paul-Julien-Victor-Félix	rue des Nonaindières, n. 29.
	TROISIÈME CLASSE.	
CONTOUR	Claude-Pierre	rue de la Tixeranderie, n. 54.
CONTOUR	Étienne-Gabriel	quai des Ormes, n. 52.
COINTEREAUX	Louis	rue de la Mortellerie, n. 76.

Suite du quartier de l'Hôtel-de-Ville.

NOMS ET PRÉNOMS DES BOULANGERS.		DEMEURES.
DUTEIL	Vincent	rue de la Mortellerie, n. 114.
JOUBERT	Pierre-Denis	rue des Barres, n. 22.
LEBRUN	Louis-Joseph	quai des Ormes, n. 36.
MARTEAUX	François-Charles	rue des Nonaindières, n. 13.
MORISSOT	Antoine	quai des Ormes, n. 30.
THIMEL	Claude	rue de la Tixeranderie, n. 70.
VOITRIN	Louis-Auguste	rue du Monc.-St.-Gerv., n. 7.

QUATRIÈME CLASSE.

Quartier de la Cité.

NOMS ET PRÉNOMS DES BOULANGERS.		DEMEURES.
PREMIÈRE CLASSE.		
MARTEAUX	Jean-Pierre	rue de la Lanterne, n. 6.
DEUXIÈME CLASSE.		
PAYE	Jean-Almach	rue de la Calandre, n. 18.
ROUVEL	Jean-Baptiste-Louis	rue de la Juiverie, n. 7.
ROZEY	Pierre	rue des Marmouzets, n. 9.
TROISIÈME CLASSE.		
BOYER	Amable	rue des Marmouzets, n. 23.

17

Suite du quartier de la Cité.

NOMS ET PRÉNOMS DES BOULANGERS.		DEMEURES.
CHAPUIS	Pierre	rue de la Calandre, n. 18.
JOUBERT	Denis-Salomon	rue de la V.-Draperie, n. 16.
MARTEAUX	François	rue de la Calandre, n. 21.
MAUGIS	Armand-Pierre	rue de la Barillerie, n. 17.

QUATRIÈME CLASSE.

COURREY	Antoine	rue du Marché-Palu, n. 3.
DOUHARD	Pierre-Thomas	rue du Marché-Neuf, n. 54.

Quartier de l'Arsenal.

NOMS ET PRÉNOMS DES BOULANGERS.		DEMEURES.
	PREMIÈRE CLASSE.	
ANDRÉ	Jacques	rue St.-Antoine, n. 204.
BEAUDOUIN	Jean	rue St.-Paul, n. 39.
COUARD	Jean	rue St.-Antoine, n. 156.
GREZEL	Louis-Claude	rue de l'Étoile, n. 2.
HELLIOT	Pierre	rue des Barres, n. 19.
	DEUXIÈME CLASSE.	
DAVOUST	Louis-Étienne	rue St.-Antoine, n. 92.
	TROISIÈME CLASSE.	
BALLERY	Charles-François	rue St.-Antoine, n. 226.
	QUATRIÈME CLASSE.	
ANDRÉ	Jean	rue de la Cérisaie, n. 19.

Quartier de la Monnaie.

NOMS ET PRÉNOMS DES BOULANGERS.		DEMEURES.
	PREMIÈRE CLASSE.	
BARBIER	Étienne-Félix	rue Dauphine, n. 48.
CAUVAIN	Jean-Baptiste	rue des Boucheries, n. 56.
CORROT	Claude	rue du Four n. 32.
DENIZET	Jacques-Gabriel	carrefour St.-Benoît, n. 2.
	DEUXIÈME CLASSE.	
BOUHEY	Antoine	rue Jacob, n. 23.
CALLY	Louis-Saturnin	rue Jacob, n. 6.
CONTOUR	Vincent-Auguste	rue du Colombier, n. 2.
DARD	Jean-Claude	rue Ste-Marguerite, n. 11.

Suite du quartier de la Monnaie.

NOMS ET PRÉNOMS DES BOULANGERS.	DEMEURES.
HALDENVANG... Jean	rue Mazarine, n. 27.
LETURC ...... Charles-Dominique	rue de Bussy, n. 19.
POURCET ...... Dominique	rue Dauphine, n. 16.
TARDY .... André	rue Guénégaud, n. 14.
TROISIÈME CLASSE.	
COIRET ...... Claude	rue du Dragon, n. 19.
CHAMBART ..... Guillaume	rue de Seine, n. 45.
PONCET ...... Louis	rue des F.-S.-G.-des-Prés, n. 10.
WALANZOT..... Michel	rue St.-Benoît, n. 30.

Suite du quartier de la Monnaie.

NOMS ET PRÉNOMS DES BOULANGERS.		DEMEURES.
	QUATRIÈME CLASSE.	
CLERE	Claude	rue des Pet.-Augustins, n. 3o.
COMBET	Pierre-André	rue Mazarine, n. 55.
DUPORT	Antoine	rue de Seine, n. 5o.
GERMAIN	Jean-Jacques	rue des Boucheries, n. 22.
HELLER	Jean-Jacques	rue des Mauv.-Garçons, n. 7.

Quartier St.-Thomas-d'Aquin.

NOMS ET PRÉNOMS DES BOULANGERS.		DEMEURES.
PREMIÈRE CLASSE.		
GOBERDELET	Jean-Pierre	rue de Sèvres, n. 53.
LEROUX	Antoine	rue de Sèvres, n. 6.
MENAGE	Jean-Baptiste-Nicolas	rue de Sèvres, n. 123.
MOUCHOT	Jean	rue de Grenelle, n. 27.
ROBIN	Pierre	rue des V.-Tuileries, n. 11.
VIARD	Louis-Clément	rue de Sèvres, n. 40.
DEUXIÈME CLASSE.		
JULIEN	François	rue du Petit-Bac, n. 26.
LEGRIS	Jean-Baptiste-Louis	rue de Sèvres, n. 80.
LENOIR	Julien-François	rue du Bac, n. 34.
METTRA	Jean-Baptiste	rue Traverse, n. 2.

Suite du quartier St.-Thomas-d'Aquin.

NOMS ET PRÉNOMS DES BOULANGERS.		DEMEURES.
	TROISIÈME CLASSE.	
BERGER	Jacques-Lazare	rue Cherche-Midi, n. 6.
BIZOUARD	Louise-Cather. CAILLOT, v^e.	rue de Bourgogne, n. 33.
BOUHEY	Marie-Charlotte BRISSET, v^e.	rue de Grenelle, n. 79.
CAVILLIER	Charles	rue de Sèvres, n. 65.
DUC	Benoît	rue du Bac, n. 134.
DUVINAGE	Pierre-Jacques	rue de Sèvres, n. 77.
MICHOT	Claude	rue de Bourgogne, n. 25.
	QUATRIÈME CLASSE.	

Quartier des Invalides.

NOMS ET PRÉNOMS DES BOULANGERS.		DEMEURES.
	PREMIÈRE CLASSE.	
DALAINE	Jean	rue St.-Dominique, n. 22.
FLEURY	Marie-Jacques-Augustin	rue St.-Dominique, n. 44.
PAGNIER	Charles-Louis	rue St.-Dominique, n. 6.
PONCET	Joseph	rue St.-Dominique, n. 76.
	DEUXIÈME CLASSE.	
MARIGNY	Vivant	rue St.-Dominique, n. 96.
VAUSSY	Jean	rue de la Comète, n. 4.
	TROISIÈME CLASSE.	
FOURCY	Étienne-François	rue de Grenelle, n. 18.
	QUATRIÈME CLASSE.	

Quartier du Faubourg St.-Germain.

NOMS ET PRÉNOMS DES BOULANGERS.		DEMEURES.
PREMIÈRE CLASSE.		
BEZULIER	Vivant	rue des St.-Pères, n. 40.
DEUXIÈME CLASSE.		
ASTIER	Adrien-Marie-Parfait	rue de Lille, n. 42.
DESFONTAINES	Pierre-Henri	rue du Bac, n. 70.
GRESSOT	François	rue de Grenelle, n. 107.
TALANGE	Charles	rue de l'Université, n. 55.
THOMAS	Jean-Martin	rue de Beaune, n. 8.
TROISIÈME CLASSE.		
BEAUDION	Pierre	rue du Bac, n. 7.

Suite du quartier du Faubourg St.-Germain.

NOMS ET PRÉNOMS DES BOULANGERS.		DEMEURES.
CHARDRIN	Claude	rue de Verneuil, n. 24.
DABOUT	Joseph	rue de Verneuil, n. 39.
DUREY	Étienne-Michel	rue de Grenelle, n. 14.
DUVINAGE	Joseph	rue de Courty, n. 4.
HOUY	Étienne	rue de Bourbon, n. 15.
LAURENT	Germain	rue de Verneuil, n. 10.
LOQUIN	Jean-Julien-Denis	rue du Bac, n. 48.
CAILLOT	Brigide Pussin, vᵉ.	rue de Verneuil, n. 34.
QUATRIÈME CLASSE.		
MAIRET	Lazare	rue du Bac, n. 26.

Quartier du Luxembourg.

NOMS ET PRÉNOMS DES BOULANGERS.	DEMEURES.
PREMIÈRE CLASSE.	
CHOPART . . . . Dominique	rue des Boucheries, n. 49.
NICOLARDOT . . . . . Jean-Charles	rue des Canettes, n. 12.
THUAU . . . . Charles	rue du Four, n. 75.
DEUXIÈME CLASSE.	
BERGER . . . . Claude-Jean	rue du V.-Colombier, n. 6.
BRUN . . . . François	rue du Four, n. 55.
TROUILLEBERT . . . Louis	rue des Quatre-Vents, n. 15.

Suite du quartier du Luxembourg.

NOMS ET PRÉNOMS DES BOULANGERS.		DEMEURES.
	TROISIÈME CLASSE.	
ADAM	Louis	rue des Canettes, n. 3.
MANDON	Claude	rue de Vaugirard, n. 41.
RONDELET	Michel	rue de Tournon, n. 23.
	QUATRIÈME CLASSE.	
AMBLART	Pierre	rue des Quatre-Vents, n. 4.
HUMBERT	Nicolas	rue du V.-Colombier, n. 20.

Quartier de l'École-de-Médecine.

NOMS ET PRÉNOMS DES BOULANGERS.		DEMEURES.
	PREMIÈRE CLASSE.	
BEAUGEY	Jean-Nicolas	rue St.-André-des-Arts, n. 56.
CRETAINE	Jean-Marie	rue de la V.-Bouclerie, n. 6.
	DEUXIÈME CLASSE.	
AUBERTIN	Simon-François	rue de l'Éc.-de-Médec., n. 19.
GAGEY	Jean	rue St.-André-des-Arts, n. 33.
PLUYETTE	François-Éléonore	rue de la Harpe, n. 50.
POUPART	Auguste-Louis	place St.-Michel, n. 2.
REVERARD	Louis-Joachim	rue de la Harpe, n. 76.

Suite du quartier de l'École-de-Médecine.

NOMS ET PRÉNOMS DES BOULANGERS.		DEMEURES.
	TROISIÈME CLASSE.	
MICHELOT	Claude	rue de l'Odéon, n. 22.
PERRET	Claude-Joseph	rue de l'Éc.-de-Médec., n. 12.
	QUATRIÈME CLASSE.	
CHÉREAU	Charl.-Françoise FOUART, v[e].	rue Monsieur-le-Prince, n. 8.
COUSIN	Pierre-Augustin	rue de l'Éc.-de-Médec., n. 17.
HUCHON	Marie-Thérèse BETOUT, v[e].	rue St.-André-des-Arts, n. 74.
SCHERIBERT	Marie-Françoise RONCET, v[e].	rue de l'Éc.-de-Méd., n. 28.

Quartier de la Sorbonne.

NOMS ET PRÉNOMS DES BOULANGERS.	DEMEURES.
PREMIÈRE CLASSE.	
MOUTONNET . . . Jean-Baptiste	rue St.-Severin , n. 13.
DEUXIÈME CLASSE.	
BARON . . . . Adrien-Simon	rue St.-Jacques, n. 182.
LAPENDRIT . . . . . Philibert	rue de la Huchette, n. 38.
LEGER . . . . Claude	rue St.-Jacques, n. 88.
MOUCHOT . . . . . . Jean-Baptiste	rue des Fr.-Bourgeois, n. 4.
RIBOULET . . . . . . Jean-Marie	rue St.-Jacques, n. 162.
TROISIÈME CLASSE.	
BENARD . . . . Baptiste-Auguste	rue de la Harpe, n. 71.

Suite du quartier de la Sorbonne.

NOMS ET PRÉNOMS DES BOULANGERS.		DEMEURES.
BERTONNIER	François	rue St.-Jacques, n. 100.
BOLLOT	Jean	rue St.-Jacques, n. 68.
DELATOUR	Charles-Henri	rue St.-Severin, n. 16.
DOLLÉ	Pierre	rue d'Enfer, n. 7.
DUTROU	Antoine-Arsène	rue de la Harpe, n. 41.
LABOUREAU	François	rue des Fr.-Bourgeois, n. 14.
LESCUYOT	Antoine-François	rue St.-Jacques, n. 22.
CHANIAL	Jean	rue de la Harpe, n. 117.
QUATRIÈME CLASSE.		
DARD	Jean-Baptiste	rue de la Huchette, n. 7.
WITTMANN	François-Michel	rue de la Harpe, n. 103.

Quartier du Palais de Justice.

NOMS ET PRÉNOMS DES BOULANGERS.	DEMEURES.
PREMIÈRE CLASSE.	
DEUXIÈME CLASSE.	
CONTOUR......... Dominique-Frédéric	rue du Harlay, n. 20.

Quartier St.-Jacques.

NOMS ET PRÉNOMS DES BOULANGERS.		DEMEURES.
PREMIÈRE CLASSE.		
BOIZOT	Jean	rue de la M.-Ste.-Genev., n. 36.
MOUCHOT	Pierre-Edme	rue Bordet, n. 48.
DEUXIÈME CLASSE.		
CHEVILLARD	Claude	place Maubert, n. 11.
DEFOY	Thomas	rue Galande, n. 17.
LAMOTTE	Jean	place Maubert, n. 47.
MASSON	Martin-Victor	rue de la M.-Ste.-Genev., n. 62.
PREAUX	Jean-Charles-Denis	place Maubert, n. 24.

Suite du quartier St.-Jacques.

NOMS ET PRÉNOMS DES BOULANGERS.	DEMEURES.
TROISIÈME CLASSE.	
ALLYOT......... Milan	rue des Noyers, n. 7.
CALLY.......... François-Michel	rue du Mont-St.-Hil^{re}., n. 4.
COUSIN.......... Jean-Marie	rue Descartes, n. 6.
CHAMPION....... Charles	rue St.-Jacques, n. 262.
DELPECHE....... Marie-Élisabeth v^e.	rue des Gr.-Degrés, n. 11.
ENGELMANN...... Sixte-Ignace	rue St.-Jacques, n. 57.
GALORIN......... Louis-Edme	rue des Sept-Voies, n. 17.
LEROY .... Jean-Baptiste	rue du Petit-Pont, n. 21.
NANTEAU .... Jean-Claude-Marie	rue Galande, n. 47.
PERROY .... Julien	rue des Noyers, n. 24.
POIRIER .... François	rue Galande, n. 52.

Suite du quartier St.-Jacques.

NOMS ET PRÉNOMS DES BOULANGERS.	DEMEURES.
VASSEUR . . . . Antoine-Simon	rue de la M.-Ste.-Genev., n. 14.
WENKER . . . . Joseph	rue de la Tournelle, n. 11.
QUATRIÈME CLASSE.	
LABRUNY . . . . . . Pierrette Berthier, v^e. . .	rue Jean-de-Beauvais, n. 17.

Quartier St.-Marcel.

NOMS ET PRÉNOMS DES BOULANGERS.		DEMEURES.
	PREMIÈRE CLASSE.	
BETHMONT	Jean-Pierre	rue du Jardin-du-Roi, n. 2.
BLANCHARD	Étienne	rue de l'Oursine, n. 67.
DESCHAMPS	Jean-Henri	rue Mouffetard, n. 293.
LANGROGNE	Michel	rue Mouffetard, n. 203.
	DEUXIÈME CLASSE.	
GEOFFROY	Jacques-Joachim	rue de l'Oursine, n. 77.
ROY	Claude	rue Mouffetard, n. 135.

Suite du quartier St.-Marcel.

NOMS ET PRÉNOMS DES BOULANGERS.		DEMEURES.
	TROISIÈME CLASSE.	
LECHENEAUX . . .	Louis	rue Mouffetard, n. 279.
MARTHE	Pierre . . . . -	rue de l'Oursine, n. 55.
MORLEVA	Nicolas-Henri	rue Mouffetard, n. 236.
TISSIER	Jean	rue Mouffetard, n. 212.
	QUATRIÈME CLASSE.	
RICHER	Louis-Jean	rue Mouffetard, n. 41.

Quartier du Jardin-du-Roi.

NOMS ET PRÉNOMS DES BOULANGERS.		DEMEURES.
PREMIÈRE CLASSE.		
BRUN	Étienne	rue Mouffetard, n. 99.
LANGLOIS	Pierre	rue St.-Victor, n. 87.
MULLOT	Achille-Georges	rue des F.-St.-Victor, n. 52.
DEUXIÈME CLASSE.		
BIDAUT	Louis-Toussaint	rue St.-Victor, n. 82.
TISSIER	Jacques	rue St.-Victor, n. 5.

Suite du quartier du Jardin-du-Roi.

NOMS ET PRÉNOMS DES BOULANGERS.	DEMEURES.
TROISIÈME CLASSE.	
LOISEAU .... Nicolas	rue Mouffetard, n. 45.
MAILLARD .... Jean-Baptiste	rue Copeau, n. 2.
PETTIOT .... Jean	rue St.-Victor, n. 137.
QUATRIÈME CLASSE.	
SABY .... Jean	rue St.-Victor, n. 96.

Quartier de l'Observatoire.

NOMS ET PRÉNOMS DES BOULANGERS.	DEMEURES.
PREMIÈRE CLASSE.	
GALICE........... Pierre	rue F.-St.-Jacques, n. 391.
MARTIN .... Pierre-Nicolas	rue St.-Jacques, n. 165.
MONCOUTEAU .... Gabriel-Henri	rue Mouffetard, n. 134.
DEUXIÈME CLASSE.	
CHÉRON.......... Pierre-François	rue Mouffetard, n. 146.
MABRU .... Maurice-Nicolas-Pierre ...	rue Mouffetard, n. 54.
SAMSON.......... Louis-François	rue St.-Jacques, n. 326.

Suite du quartier de l'Observatoire.

NOMS ET PRÉNOMS DES BOULANGERS.	DEMEURES.
TROISIÈME CLASSE.	
CALLART......... Jacques-Louis-François . . .	rue Mouffetard , n. 16.
LEBERT........... Mathurin	rue Faub.-St.-Jacques, n. 33.
MAITRE........... Jean-Claude	rue Faub.-St.-Jacques, n. 314.
MALGRAS .... Pierre	rue Mouffetard , n. 32.
THOURIN......... Antoine	rue Faub.-St.-Jacques, n. 278.
QUATRIÈME CLASSE.	
BERGER .... Marie-Edme	rue St.-Jacques, n. 352.